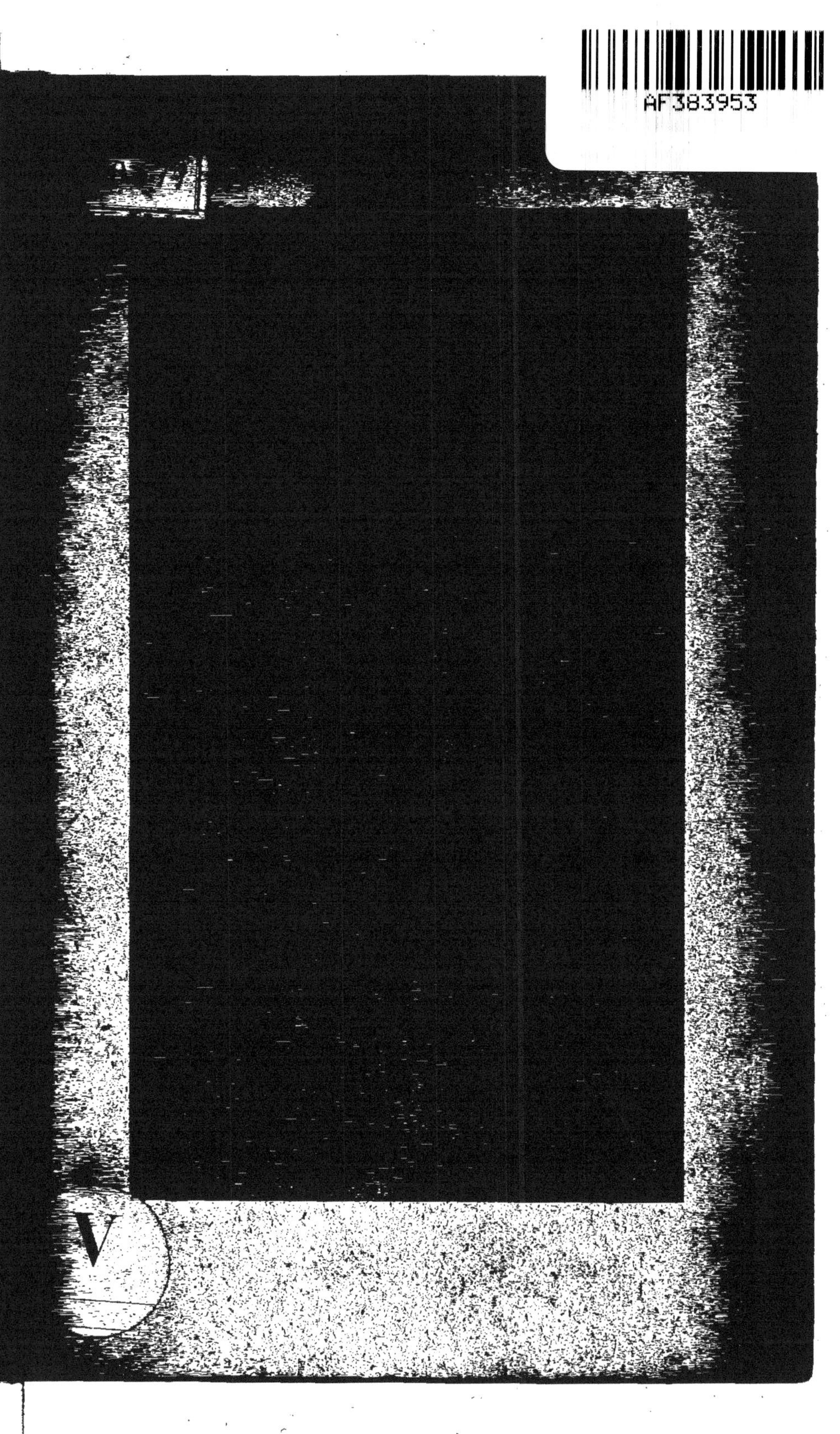

APPAREIL

DE MM.

PEYRE ET ROCHER

POUR

LA DISTILLATION DE L'EAU DE MER

ET LA CUISINE

A BORD DES NAVIRES.

NANTES.

IMPRIMERIE DU COMMERCE,

V. MANGIN ET W. BUSSEUIL.

Déc. 1839.

[illegible]

[illegible]

DISTILLATION

DE

L'EAU DE MER.

L'eau potable est de première nécessité pour l'homme. L'insuffisance des moyens employés jusqu'ici pour s'en procurer sur mer est depuis long-temps sentie.

Quel marin dans le cours de ses voyages n'en a pas vingt fois subi la privation ? Souvent à peu de jours du port d'armement l'eau dont on s'est approvisionné croupit dans les futailles; l'équipage, les passagers sont bientôt mis à la ration, des relâches coûteuses deviennent nécessaires, trop heureux quand un

calme prolongé, quand une suite de vents contraires
ne les exposent pas à toutes les cruelles angoisses
de la soif.

Rendre l'eau de mer potable, c'était là le problème qu'il fallait résoudre, et dont la solution
devenait un véritable bienfait pour l'humanité.

Il avait fixé l'attention des anciens [*]; mais dans
les derniers siècles, l'extension immense donnée
à la navigation, les relations créées entre les peuples
les plus éloignés, ont déterminé des essais nombreux de la part des savants et des navigateurs.

Hawton en 1670, le célèbre Leibnitz en 1682,
s'étaient préoccupés de cette solution; le docteur
Haller en 1739, Appleby en 1755, Lind en 1761,
Poissonier en 1764, avaient proposé des appareils
dans ce but.

Depuis lors, Cook, Bougainville, Hamelin ont
fait distiller de l'eau de mer pour le service des
équipages qu'ils commandaient.

De nos jours, M. Rochon, membre de l'Institut,
proposa (c'était en 1813), un alambic placé sur un bain
de sable, dont l'eau devait être volatilisée au moyen
du vide produit par une injection d'eau froide sur
la vapeur, provenant d'un éolipyle fortement échauffé
dans un fourneau de cuisine, et communiquant
avec le récipient de l'alambic.

[*] Pline, *Histoire Naturelle*. — Saint-Bazile.

Ce moyen était impraticable entre les mains de gens de mer, aussi n'eut-il aucune suite.

Il y a vingt ans environ, M. Clément, aidé des conseils de M. Freycinet, alors lieutenant de frégate, fit construire un alambic dont la cucurbite renfermait deux grands diaphragmes percés de trous et posés horizontalement à une certaine distance l'un de l'autre pour rompre les mouvements de l'eau pendant les oscillations du bâtiment.

Cet ingénieux appareil donnait une assez grande quantité d'eau, mais qui devait être abandonnée au contact de l'air pendant quinze ou vingt jours pour y perdre sa saveur désagréable.

La non adoption de tous ces appareils prouve qu'aucun ne réunissait les conditions de simplicité, de commodité et d'économie voulus.

Après 15 ans de recherches et d'essais, M. Peyre, teinturier à Saint-Etienne, confectionna un nouvel appareil qu'il eut occasion de soumettre à l'expérience pratique de M. Rocher, fabricant de chaudières à vapeur, à Nantes. Cet appareil transformait l'eau de mer en eau potable et saine, mais il était fort volumineux, d'un prix élevé, et consommait une quantité trop considérable de combustible. C'était beaucoup pour la science peut-être, rien pour l'emploi usuel et journalier. M. Rocher reconnut néanmoins dans les procédés de M. Peyre une idée féconde, dont l'application mûrie et perfectionnée devait conduire à la solution complète et long-temps cherchée d'un problème si important.

Ils travaillèrent ensemble long-temps encore, et l'appareil qu'ils présentent aujourd'hui offre incontestablement tous les avantages dont la réunion pouvait seule rendre usuelle et pratique une si belle découverte.

L'appareil de MM. Peyre et Rocher est simplement une cuisine de navire en cuivre étamé. Elle ne tient pas plus de place, elle n'exige pas plus de soin que les cuisines jusqu'ici en usage; un four permet de cuire le pain et de rôtir les viandes, et dans des vases clos servant de marmites se cuisent la soupe, les légumes et tout ce qu'on veut faire bouillir; pendant ce temps, et avec le même combustible qui sert à la cuisine, l'eau de mer dont l'appareil se remplit au moyen d'une pompe, est distillée et coule comme d'une fontaine, transformée en eau douce, potable, d'une pureté entière, conséquemment parfaitement saine, et que l'on peut boire immédiatement.

La quantité produite dépend de la grandeur des appareils; mais un simple appareil d'environ un mètre cube suffit abondamment à tous les besoins d'un équipage de trente hommes, et nous avons vu un appareil plus grand * destiné à une corvette de l'état produire

* D'un mètre 50 centimètres cubes.

deux cents litres d'eau par heure. La consommation du combustible, quoique produisant simultanément la cuisson des aliments et la distillation de l'eau de mer, présente, malgré ce double résultat, une économie réelle sur la consommation des cuisines ordinaires.

Son service est si simple, que dans deux ou trois jours des cuisiniers ou des matelots qui n'ont jamais vu d'appareil de ce genre, peuvent être formés à le conduire facilement.

Les nombreux essais faits par MM. Peyre et Rocher les avaient convaincus des immenses avantages de leur appareil-cuisine ; mais ils comprirent qu'ils ne devaient pas s'en rapporter uniquement à eux-mêmes : il leur fallait le contrôle et l'approbation de la science, et par-dessus tout la sanction de l'expérience et de la pratique.

Des commissions nommées par la Société Académique du département de la Loire-Inférieure et par la Chambre de Commerce de Nantes, composées de chimistes distingués et de négociants-armateurs, ont fait de leur appareil, après un examen approfondi et consciencieux, les rapports les plus favorables.

« Vous comprenez *, messieurs, dit le rapport
» fait à la Société Académique, combien il est à
» désirer que cette utile invention soit propagée :
» les raisons d'économie, de salubrité, les pertes

* Rapport de M. Leloup, professeur de Chimie, *page* 16.

» de temps en relâches coûteuses; les frais d'em-
» barquement d'eau, les achats même quelquefois
» de ce liquide si indispensable, toutes ces causes
» sont prévenues par son usage. Les graves maladies
» qui résultent de l'emploi de l'eau qui a séjourné
» ou s'est gâtée dans les barriques deviendront
» plus rares ; le linge de l'équipage sera blanchi à
» l'eau douce tiède, en utilisant toute la portion
» échauffée dans le réfrigérant. Enfin le manque
» d'eau douce ne viendra plus exposer nos marins aux
» tourments de la soif, aux maladies scorbutiques. »
Le rapport à la Chambre de Commerce (page 9),
se termine ainsi : « L'eau de Loire essayée compa-
» rativement avec l'eau produite par l'appareil de
» MM. Peyre et Rocher, a été trouvée bien moins
» pure, puisque nonobstant une plus grande quan-
» tité de chlorures, elle contient aussi des sulfates.
» Nous jugeons donc que l'appareil remplit en
» tout point le but que se sont proposés les inven-
» teurs, de faire la cuisine des marins et de distiller
» en même temps l'eau douce nécessaire à la con-
» sommation du bord, en employant une très-
» modique quantité de combustible.
» Il n'est pas douteux que cet appareil ne soit
» trouvé d'une grande économie, surtout pour les
» expéditions lointaines, et que dans quelques années
» tous les navires nouvellement construits en seront
» pourvus. »

Plusieurs capitaines du port de Nantes en ont fait installer à leur bord. Dans *les longs voyages de l'Inde*, ils en ont apprécié toute l'utilité et l'importance, et nous citerons particulièrement comme résumant bien les avantages de cette invention, la lettre écrite le 11 mars 1839, par M. Sire, capitaine du trois-mâts l'*Edith*, à ses armateurs MM. H. Chauvet et A. Couat :

« Vous m'avez demandé quelques renseignements
» sur la manière dont a fonctionné l'appareil-
» cuisine de M. Rocher, destiné à rendre l'eau de
» mer potable, que vous aviez placé à bord de
» l'*Edith*.

» Il m'a rendu de trop grands services pour que
» je ne m'empresse pas de vous les faire connaître.

» Pendant tout mon voyage, la quantité d'eau
» douce que je me suis ainsi procurée a suffi à
» tous les besoins de l'équipage, de telle sorte que
» j'ai pu lui en donner largement pour blanchir
» son linge.

» Quant à sa qualité, ce que je puis vous dire,
» c'est qu'un de mes passagers atteint d'une ma-
» ladie grave, et qui n'a pu boire que de l'eau
» pure, l'a trouvée ainsi que nous tous, plus agréable
» et plus salubre que celle de nos futailles, que
» nous avions emportée par précaution et qui nous
» a été inutile, car même en rade de Bourbon je
» n'en ai pas envoyé chercher d'autre.

» Au reste, comme pendant un voyage de dix
» mois la santé de l'équipage a été constamment
» très-bonne, il ne peut exister aucun doute sur
» sa salubrité.

» Sur cent soixante-dix hectolitres de charbon
» que j'avais à bord, comme vous le savez, je n'en
» ai consommé que cent environ, et chaque jour
» le feu était allumé depuis six heures du matin
» jusqu'à huit heures du soir. Il y a donc, vous le
» voyez, messieurs, une grande économie à se
» servir de cet appareil, puisqu'on y dépense moins
» de combustible que dans les cuisines ordinaires,
» que les légumes et les viandes y cuisent plus
» promptement et mieux, et avec le même feu qui
» sert à faire l'eau douce.

» C'est, en un mot, une des inventions les plus
» utiles à la navigation. »

La Hollande, cette puissance si essentiellement
maritime et amie des progrès en tout ce qui touche
à la navigation, s'est déjà emparée de cette découverte, et aujourd'hui de vastes ateliers spécialement
destinés à la fabrication de ces appareils sont en
pleine activité à Amsterdam, sous le nom et la direc-
tion de la puissante maison Sevenberghen et Delanoye.

Le gouvernement hollandais, pénétré de l'importance de cette invention, l'avait fait étudier avec soin,
et un succès complet a été le résultat de cette étude.

La première classe de l'institut des Pays-Bas,

convoquée par ordre du ministre du commerce,
a fait faire en sa présence des expériences continues,
et son rapport, que nous avons eu sous les yeux,
prouve avec quelle conscience, quelle exactitude et
quelle minutie de détails les appareils à elle pré-
sentés ont été examinés.

L'eau de mer transformée en eau douce a été
analysée par deux chimistes membres de la commission de l'Institut. « Cette eau, dit le rapport,
» n'est guère différente de l'eau distillée ordinaire,
» c'est-à-dire d'eau de source, de rivière ou de pluie
» distillée ; elle ne contient par conséquent rien de
« nuisible, mais ne possède pas la petite quantité
» de différents sels, auxquels l'eau de source ordi-
» naire doit sa saveur agréable et piquante et son
» action favorable à la digestion ; elle est ainsi
» inférieure à l'eau de source considérée comme
» boisson, mais non pas certainement à l'eau de
» rivière ; elle surpasse plutôt celle qui a séjourné
» pendant un temps plus ou moins long dans des
» tonneaux ou d'autres vases, et lui est préférable
» à cause de l'absence absolue d'odeur et de saveur
» mauvaises, de sa pureté et de sa limpidité par-
» faites. Enfin, quant à la préparation des aliments
» et le lavage, elle est supérieure à toute autre eau,
» et sous ce rapport l'eau de pluie seule soigneuse-
» ment filtrée lui peut être comparée.

» La commission, ajoute plus loin le rapport,

» a été conduite aux conclusions suivantes :

» La réunion des deux avantages de distiller
» l'eau de mer, et de préparer les aliments dans
» un appareil assez peu *volumineux* pour l'usage
» des bâtiments de mer, et avec telle *économie* de
» combustible qu'elle emporte l'inconvénient prin-
» cipal, peut avoir le mérite de l'invention en ce
» qu'un semblable appareil n'était jusqu'à ce jour
» ni connu généralement, ni mis en pratique.

» L'appareil réunit plusieurs avantages, savoir :

» 1° Une disposition avantageuse du foyer par
» laquelle la plus grande quantité de chaleur qui
» puisse être obtenue d'une quantité donnée de
» combustible est utilement employée, etc...

» 2° L'apprêt des aliments à l'aide de la vapeur qui
» est non-seulement avantageuse puisqu'elle n'exige
» pas un feu séparé..., etc.

» 3° Outre cela, on obtient par ce moyen, une
» large provision d'eau pure, propre à tout usage,
» dont l'acquisition est favorable au plus haut point,
» tant à la santé et aux agréments de l'équipage qu'à
» la continuation non-interrompue de la traversée.

» La commission est donc d'avis que la posses-
» sion d'un semblable appareil est *un véritable*
» *bienfait* pour tous les navires de mer. » (*Rapport
officiel du 6 avril* 1839).

Un rapport si positif et émané de si haut a produit l'effet qu'il devait produire chez un peuple de

marins et de négociants, et d'importants capitaux
ont été immédiatement consacrés à la fabrication
en grand de ces utiles appareils.

Sur la demande des inventeurs, le gouvernement
français a fait étudier aussi et expérimenter l'appareil-cuisine de MM. Peyre et Rocher.

En exécution d'une dépêche ministérielle, en
date du 15 décembre 1838, M. le contr'amiral
Freycinet, préfet-maritime du 4e arrondissement,
a nommé dans ce but une commission spéciale. Elle
était composée de :

MM. Roy, capitaine de vaisseau *, président,

Garnier, ingénieur de la marine,

Allègre, capitaine de corvette,

Grimaud, professeur de pharmacie,

Meunier, sous-commissaire,

Cros, sous-ingénieur de la marine.

Le 15 mars 1839, sous l'inspection de cette
commission, des expériences ont été faites à Roche-
fort, dans le local des petites forges.

« Le feu ** a été allumé à midi, les chaudières
étant chargées d'eau salée et froide; l'ébulition a eu
lieu après 52 minutes de chauffe, pendant lesquelles
on a brûlé 5 kil. 70 g. de charbon. L'expérience
a duré jusqu'à quatre heures, la quantité d'eau

* Actuellement aide-de-camp du ministre de la marine.
** Extrait du rapport du 23 mars 1839.

douce recueillie pendant ce temps a été de 223 litres,
et la quantité de charbon consommée de 20 *kilog*.
50 *grammes*. « Ainsi, dit la commission, en met-
» tant à part le combustible employé à porter l'eau
» à l'ébullition, on a obtenu dans une heure un
» produit de 71 litres d'eau douce pour une dépense
» de 6 kilog. 54 g. de charbon. » L'eau produite
par la distillation a été soumise à l'analyse, elle a
été trouvée pure, et en la dégustant, la commission
a reconnu qu'elle était bonne.

 « Cette première commission a pensé que l'on
» pouvait craindre que l'on n'obtint pas à la mer
» des produits aussi avantageux que ceux obtenus
» à terre, mais qu'il suffisait qu'ils ne s'en écar-
» tassent pas trop, pour que l'appareil de MM. Peyre
» et Rocher procurât encore à la marine de grands
» avantages.

 » En se munissant d'un appareil de grandeur
» convenable, il serait possible à la rigueur, dit
» encore la commission, d'expédier un bâtiment
» sans lui donner un litre d'eau ; alors la cale n'ayant
» plus besoin d'être aussi spacieuse on pourrait :
 » 1° Augmenter la hauteur des faux ponts,
» chose si essentielle à la santé et au bien-être des
» équipages.
 » 2° Supprimer les soutes à biscuit qui sont des
» foyers de pourriture, et les remplacer par des
» caisses placées dans la cale.

» 3° Prendre une beaucoup plus grande quantité
» de vivres, etc., etc. »

Sur la proposition de la commission, M. le ministre de la marine, suivant avec intérêt ces expériences, ordonna que l'appareil de MM. Peyre et
Rocher fut placé à bord du brick de guerre le *Borda*.
De nouvelles expérimentations furent faites et du-
rèrent un mois.

La moyenne des résultats obtenus pendant ce
laps de temps fut de 7 litres d'eau pour 1 kilo.
de charbon de terre.

Pendant tout ce temps, les matelots du *Borda*
n'ont fait usage que de l'eau obtenue par l'appareil-
cuisine, et cette eau a été de nouveau reconnue parfaitement saine. La cuisine ayant aussi été faite avec
le même appareil, l'équipage du *Borda* a été de l'avis
de la commission, que les aliments se cuisaient
parfaitement.

Le résultat de ces expériences décida la commission à proposer formellement au ministre de la
marine l'adoption sur les bâtiments de l'état de
l'appareil de MM. Peyre et Rocher.

M. l'amiral Duperré que sa longue carrière maritime et ses hautes connaissances mettaient si bien
à même d'apprécier l'importance du but cherché et
la réalité des résultats obtenus, a accédé à cette
proposition, et déjà un appareil pouvant fournir
2000 à 2500 litres d'eau par jour, construit

par ordre du gouvernement dans les ateliers de M. Rocher, à Nantes, va être embarqué sur la corvette l'*Aube*, commandant M. Lavau, en partance pour les mers du sud.

Jusqu'à ce moment MM. Peyre et Rocher n'avaient pas cru devoir appeler sur leur invention la publicité qu'elle mérite. Tant d'essais infructueux avaient été tentés avant eux par des hommes dont la science et le pays s'honorent, puis tant de circonstances sur mer, les vents, le roulis, le tangage, etc... pouvaient, malgré toutes les prévisions des inventeurs, déjouer les précautions les mieux prises, les combinaisons les mieux étudiées; d'un autre côté tant de prétendues découvertes sont jetées au public qu'elles ont si souvent trompé, qu'ils n'ont voulu arriver à lui qu'après la sanction complète d'expériences continues, multipliées et rendues positives par les résultats répétés de longs voyages sur mer, sur plusieurs navires dans des conditions différentes.

Aujourd'hui cette sanction est réelle et ne laisse plus de doute possible sur les avantages immenses que la marine et le commerce doivent retirer de l'invention de MM. Peyre et Rocher, fruit de tant de veilles et de coûteuses recherches.

F. M.

9 782014 429893